RAPPORT

sur

UNE MISSION SCIENTIFIQUE

AU BRÉSIL

AUX ANTILLES ET AU COSTA-RICA

par

M. EUGÈNE POISSON

Extrait des Nouvelles Archives des Missions scientifiques, t. X.

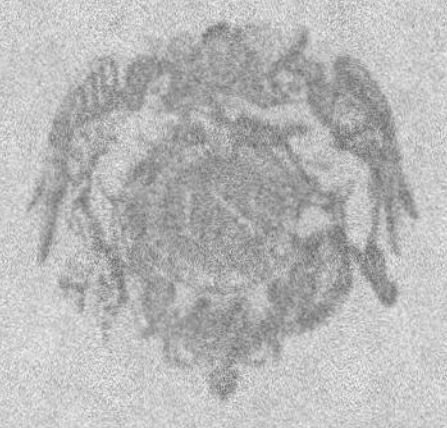

PARIS

IMPRIMERIE NATIONALE

MDCCCCII

RAPPORT

UNE MISSION SCIENTIFIQUE

AU BRÉSIL

AUX ANTILLES ET AU COSTA-RICA

RAPPORT

SUR

UNE MISSION SCIENTIFIQUE

AU BRÉSIL

AUX ANTILLES ET AU COSTA-RICA

PAR

M. EUGÈNE POISSON

(Extrait des *Nouvelles Archives des Missions scientifiques*, t. X.)

PARIS

IMPRIMERIE NATIONALE

MDCCCCII

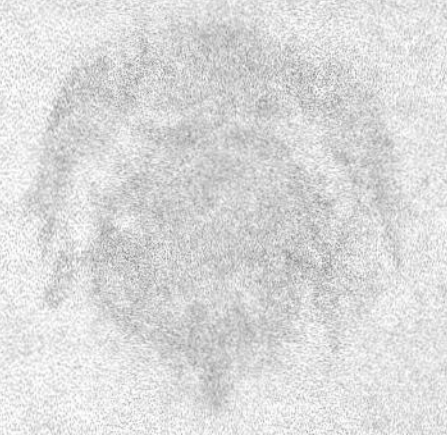

RAPPORT

UNE MISSION SCIENTIFIQUE

AU BRÉSIL,

AUX ANTILLES ET AU COSTA-RICA.

MONSIEUR LE MINISTRE,

J'ai l'honneur de relater ci-après les résultats de la mission au Brésil, aux Antilles et au Costa-Rica, qui me fut confiée pour aller y étudier les arbres à caoutchouc et se procurer des graines de ces arbres, ainsi que des boutures et des graines d'autres plantes utiles, en vue de leur propagation dans les colonies françaises.

L'extension des cultures coloniales s'étant développée considérablement ces dernières années, l'établissement de ces cultures exigeait d'innombrables graines et boutures de plantes économiques tropicales. Telles sont les graines de cacaoyers des variétés les plus estimées, de caféiers d'espèces spéciales, de cannes à sucre sélectionnées, d'arbres et arbustes à épices, etc., et surtout, le besoin d'étendre les plantations d'arbres à caoutchouc augmentant sans cesse, j'ai dû m'appliquer dans mes voyages à recueillir le plus possible de graines de ces divers végétaux.

Je ne devais négliger aucune des observations ayant trait aux plantes caoutchouquifères, dont la connaissance est loin d'être aussi complète qu'on pourrait le supposer lorsqu'on aborde la question superficiellement. Cette étude, en effet, est hérissée de difficultés, tant par la distinction des espèces les plus propres à être propagées que par l'inconstance de la valeur des produits qu'elles fournissent, fluctuation causée souvent par le mode défectueux de préparation. Enfin ces végétaux ont des exigences de culture dont il faut tenir compte, et ce n'est que par de patientes et souvent pénibles observations que ces connaissances s'acquièrent.

PREMIER VOYAGE, ACCOMPLI DE FÉVRIER À JUILLET 1898.

Para. — Le point où j'abordai au Brésil, en quittant l'Europe par Lisbonne, fut la ville de Para, un des centres les plus importants, avec Manaos, où est concentrée la production du caoutchouc le plus recherché par le commerce européen et celui du Nouveau Monde.

Pour donner un aperçu du trafic qui se fait de cette précieuse matière dans cette région de l'Amazonie, il suffira d'en mentionner la quantité sortie pendant douze mois, du 30 juin 1896 au 30 juin 1897.

Quinze maisons faisant le commerce du caoutchouc en ont exporté pendant ce laps de temps 22,300,000 kilogrammes, dont 9 millions provenant de l'État même du Para, et 13 millions venant de la haute Amazone et ses affluents, représentant une somme de 115 millions de francs, en chiffre rond, quantité qui a été dépassée depuis.

Le caoutchouc du Para provient d'arbres de la famille des Euphorbiacées, du genre *Hevea*, qui croissent dans les terrains humides des bords de l'Amazone et de ses nombreux affluents.

On tirait une certaine quantité de caoutchouc d'un *Hevea* (nom indigène donné à l'arbre, et que les botanistes ont pris pour nom de genre), qui abondait alors en Guyane française et qu'Aublet fit connaître dans son *Histoire des plantes de la Guyane*, en 1775, sous le nom d'*Hevea guianensis*. Mais ce produit servait aux indigènes pour des besoins locaux et restreints, et l'on était loin de prévoir l'importance industrielle qu'il devait prendre un siècle plus tard.

Sans vouloir faire ici l'histoire botanique des *Hevea*, nous rappellerons quelques faits s'y rattachant :

Le nom d'*Hevea* fut remplacé au commencement de ce siècle par celui de *Siphonia*, donné par le botaniste Persoon, et pendant une soixantaine d'années ce nom prévalut. En 1825, Kunth décrivit, sous le nom de *Siphonia brasiliensis*, un arbre du haut Orénoque découvert par Humboldt et Bonpland et identique avec un spécimen d'herbier rapporté du Para par le voyageur Siéber. Cette constatation semble montrer que l'espèce a une grande extension dans le bassin de l'Amazone, et qu'elle doit fournir la majeure partie du caoutchouc du Para.

Plus tard, le botaniste Bentham, en compulsant les collections de plantes formées par le naturaliste Spruce, vers 1854, dans une région plus étendue de l'Amazonie, distingua cinq nouvelles espèces de ce genre, sous les noms de *Siphonia Spruceana* (de Santarem), *S. discolor* (de Manaos), *S. pauciflora*, *S. rigidifolia* et *S. lutea* (du Rio Negro et du Rio Uaupès).

Enfin, en 1865, J. Muller, dans sa *Monographie des Euphorbiacées*, reprit avec raison l'ancien nom d'*Hevea* et ajouta dans la *Flora Brasiliensis*, en 1874, quatre nouvelles espèces découvertes par divers voyageurs et auxquelles il donna les noms d'*Hevea membranacea*, *H. Benthamiana*, *H. nitida* et *H. janeirensis*.

En résumé, on sait aujourd'hui que telles espèces prédominent en certains points et produisent le caoutchouc de la région considérée. Ainsi, en Amazonie inférieure, c'est l'*Hevea brasiliensis*; aux environs de Manaos, l'*H. discolor*; enfin, dans le Rio Negro et le Rio Uaupès, les *H. pauciflora* et *H. lutea*. On est moins affirmatif pour les autres espèces dont la contribution est au moins douteuse; il est cependant probable que les *seringueros*, c'est-à-dire les récolteurs de caoutchouc, utilisent des espèces autres ou encore inconnues, donnant un latex peut-être inférieur en qualité, qu'ils mélangent avec celui provenant d'une meilleure origine[1].

Malgré les efforts des naturalistes, il sera très difficile d'arriver à être bien fixé sur la valeur du latex de chacune de ces espèces prises isolément, ce qui pourtant serait d'un intérêt très grand, non seulement au point de vue scientifique, mais en permettant aux planteurs de ne propager que les variétés les plus estimées. Ces recherches, exigeant un séjour prolongé dans les forêts humides, ne seraient pas sans péril pour un Européen, comme on en a eu de trop nombreux exemples.

Dans les forêts avoisinant Para, où je me suis rendu et où j'ai vécu pendant plusieurs jours et à diverses reprises pour assister à la récolte du caoutchouc, j'ai appris des Indiens qu'ils distinguaient

[1] On ne semble pas avoir de connaissances suffisantes, actuellement, sur la participation des *Micrandra* (genre voisin des *Hevea*) à la production du caoutchouc. Cependant la gomme qu'ils produisent paraît de bonne qualité, et Warburg appuie cette assertion de son autorité.

deux sortes d'arbres qu'ils appellent l'*Hevea blanc* et l'*Hevea noir*, en raison de l'apparence plus foncée de l'écorce et du feuillage de l'un d'eux. Il paraîtrait que le caoutchouquier noir donne un latex plus estimé que le blanc, et que le mélange des deux formerait un produit supérieur à celui qu'on obtiendrait séparément. Cependant j'ai la conviction qu'on cherche à éviter la récolte séparée de ces deux latex, parce que cela donnerait plus de peine et entraînerait peut-être une moins-value pour la sorte inférieure. S'agit-il ici d'espèces distinctes ou simplement de variétés d'*Hevea*? C'est un point à élucider, qui a été abordé jusqu'alors sans un réel succès et dont il sera parlé plus loin.

Les tentatives que j'ai faites pour obtenir des rameaux n'ont été que peu fructueuses. Les seringueros sont méfiants et croiraient agir à leur détriment en aidant les Européens à se renseigner sur des pratiques qu'ils se soucient peu de faire connaître; d'autre part, la difficulté d'atteindre le sommet d'arbres élevés est encore un obstacle à vaincre. J'ai dû me contenter de quelques feuilles tombées de ces arbres, dont la floraison est éphémère et capricieuse, et de les conserver en herbier, en attendant une nouvelle occasion de retourner dans ces parages afin de poursuivre ces observations. (Voir la 2ᵉ partie de ce Rapport.)

Les *Hevea* se rencontrent rarement en groupes dans la basse Amazonie; ils sont même généralement assez espacés, et le seringuero fait plusieurs kilomètres en allant d'arbre en arbre. Parfois on en rencontre deux ou trois ensemble, mais je n'en ai jamais vu davantage. M. Coudreau [1], l'explorateur bien connu qui faisait alors le relevé hydrographique des rivières des États du Para et de l'Amazonie, m'a dit avoir vu de véritables associations d'arbres à caoutchouc sur les rives de divers rios, mais très loin du grand fleuve et en général dans des endroits où il est presque impossible aux récolteurs de séjourner, en raison des nuées de moustiques qu'on y rencontre.

D'après Coudreau, dans le haut des rios, on trouve des *Hevea* sur des terrains assez élevés, jusqu'à 3,000 pieds, qui donnent, au dire des Indiens questionnés par ce voyageur, un latex peu abon-

---

[1] Depuis j'ai appris avec un profond regret la mort de ce courageux et savant explorateur, qui m'avait donné, ainsi que Mᵐᵉ Coudreau, les marques les plus touchantes d'un affectueux intérêt lorsque j'étais au Brésil.

dant, mais particulièrement riche en caoutchouc. Ces arbres produiraient des graines moins grosses que celles des espèces de la basse Amazonie ou des îles, ce qui prouverait bien qu'il s'agit de sortes spéciales à ces régions.

Je savais que, dans les laboratoires, on désire se procurer du lait des différents caoutchouquiers, pour étudier cette matière avant qu'elle n'ait subi de transformation. Malgré la répugnance des seringueros à en recueillir pour des étrangers, j'ai pu rapporter des échantillons en bouteilles bien bouchées avec association d'un antiseptique approprié; mais le succès avait été précédé de tentatives infructueuses, car sous l'influence de la température élevée des tropiques, la fermentation de ce latex se produit rapidement et les bouteilles se brisent ou les bouchons partent, et tout est à recommencer.

L'opération en usage en Amazonie, pour extraire le latex des *Hevea*, consiste à faire sur le tronc des arbres des incisions peu profondes, intéressant presque uniquement l'écorce, de place en place, au moyen d'une petite hachette nommée *macheta*, puis on dispose au-dessous de chaque incision un petit godet en fer-blanc, appelé *tigelinha*, qui reste adhérent à l'arbre par son bord tranchant que l'on enfonce légèrement dans l'écorce. Quand le nombre d'incisions est jugé suffisant par le seringuero, celui-ci passe à d'autres arbres, puis il revient aux premiers et vide dans une calebasse le contenu des *tigelinhas*. Finalement le tout est porté au *carbet*, petite installation en pleine forêt où doit se faire l'enfumage.

Cette opération consiste à tremper un bâton ou une palette de bois à long manche dans le latex, puis à l'exposer au-dessus d'un fourneau en terre cuite ou de tôle nommé *fameiro*, où brûle un peu de brindilles de bois et des fruits de palmier du genre *Attalea*, ou d'autres genres voisins; puis on replonge la palette dans le latex et ainsi de suite, jusqu'à ce que les applications successives produisent une boule elliptique suffisamment pesante pour être détachée, en incisant cette boule latéralement ou à son sommet, afin de mettre la palette en liberté. C'est ainsi que le caoutchouc est livré au commerce.

Le but de la coagulation du latex d'*Hevea* par la chaleur et l'enfumage, procédé plus long que d'autres, n'est pas seulement de faire évaporer l'eau contenue dans le latex et d'éviter la putréfaction du caoutchouc, mais la fumée des noix de palmiers possède des propriétés particulières. D'après les expériences de M. R. H. Biffen, de Cambridge, cette fumée contient à l'analyse : d'abord de l'acide acétique, qui est, avec la chaleur, la cause de la coagulation instantanée du latex, puis de la créosote dont les propriétés antiseptiques sont bien connues.

Ce qui frappe l'étranger qui arrive au Para, c'est que l'on ne voit nulle part l'arbre qui fait la fortune du pays et de ses habitants; il faut aller assez loin pour en rencontrer des spécimens.

Le Gouvernement du Para s'est inquiété de la demande toujours croissante du caoutchouc et, pour parer à l'inconvénient de la recherche de plus en plus éloignée des *Hevea* sur son territoire, il a songé à encourager les plantations de cet arbre et institué des primes assez fortes pour exciter les planteurs. Cependant aucune plantation importante n'a encore été faite.

Céara. — Dans la province de Céara, où je me rendis ensuite pour observer une autre sorte de caoutchouquier appartenant également à la famille des Euphorbiacées, le *Manihot Glaziovii*, j'ai pu voir en place ce végétal qui produit le caoutchouc dit *de Céara* et dont le nom indigène est *Maniçoba*.

Le Céara est une des provinces les moins riches du Brésil, mais son sol un peu élevé et sa température sèche le préservent des maladies qui affligent la population des régions basses et humides.

Aussi le Céara est-il réputé pour sa salubrité et fréquenté par des gens soucieux de leur santé. Mais la pauvreté et l'aridité du sol de cette province en éloignent les habitants dont la plupart émigrent vers l'Amazone.

Le *Manihot Glaziovii* est un arbre de taille moyenne, de 10 à 12 mètres au plus; le latex qu'il produit est plus épais que celui de l'*Hevea*, il se coagule avec plus de rapidité, et c'est une des causes qui engagent les récolteurs à le laisser suinter, après incision du tronc de l'arbre, à la surface de l'écorce, où il achève de s'assécher pendant un ou deux jours. Cet avantage entraîne souvent un inconvénient. Les seringueros laissent par négligence la coulée du latex se faire jusqu'à la surface du sol, où elle emprisonne de la terre et des débris organiques qui, incorporés ainsi dans sa masse, le déprécient à la vente. Cependant, quand on prend la peine de préparer le latex aussitôt sorti de l'arbre par le procédé de l'enfumage, comme pour celui de l'*Hevea*, il est bien coté sur les marchés et, quoique n'étant pas aussi estimé que celui du Para, il commence à gagner en valeur sous ce rapport. Des échantillons venant de Céara, et qui sont déposés au Muséum, justifient cette appréciation.

Ce caoutchouc est exporté sous plusieurs formes : 1° en boules formées des lanières produites par le latex séché sur l'arbre après incision; 2° en pains plus ou moins mélangés de sable et de débris d'écorce, obtenus des coulées de latex descendant sur l'arbre jusqu'à terre; 3° en *seraps*, petites boules en forme de larmes obtenues en piquant l'arbre jusqu'au niveau du sol, après l'avoir nettoyé de ses plus fortes rugosités, à l'aide d'un poinçon quelconque, puis laissant sécher sur place les quelques gouttes qui exsudent; 4° en pains enfumés préparés d'après la méthode du Para. Ce dernier procédé, qui le rapproche le plus du caoutchouc de l'Amazone, donne à la gomme de Céara un prix relativement élevé, et qui, lors de mon séjour dans cette province, était de 4 fr. 50 le kilogramme.

La préparation par l'enfumage commence à se répandre dans les divers districts de la province de Céara, principalement dans les exploitations avoisinant la côte.

La récolte se fait surtout à la fin de la saison des pluies, vers mai, juin et juillet, alors que le latex est plus riche en caoutchouc. Les gens du pays m'ont assuré qu'un arbre, dans une période normale de rendement, donne 1 kilogr. 1/2 à 2 kilogrammes de caoutchouc, assertion que je n'ai pas pu contrôler. Il n'a pas été dressé de statistique exacte concernant la production de la gomme de Céara; mais, d'après les négociants de la ville de Fortaleza, durant l'année 1897, on aurait exporté près de 400 tonnes de ce caoutchouc.

Le pays de Céara est assez élevé, surtout dans l'intérieur des terres, l'altitude moyenne variant entre 100 et 600 mètres et avec des maxima pouvant aller jusqu'à 800 et 1,600 mètres. Cette élévation amène une perturbation dans la saison pluvieuse qui devrait être de novembre à mai, mais qui ne dure le plus souvent que quelques semaines; on a même vu une année entière sans pluie appréciable, d'où la pauvreté de cette province.

Le sol où croissent les *Manihot* est rocailleux et sablonneux; aussi la culture de ces arbres est-elle une précieuse ressource dans les régions sèches et à sol médiocre.

Dans l'intérieur de la province on rencontre d'immenses blocs de granits (à Baturité, Quixada, Monte-Alègre, etc.), entre lesquels croît souvent le *Manihot*. Il n'y a pas de hautes forêts dans la région, et pour ainsi dire aucune végétation sous bois.

Le caoutchouquier du *Céara* ayant des racines tuberculeuses, où l'humidité nécessaire à leur végétation s'emmagasine, souffre moins de la sécheresse que les autres arbres; aussi l'aperçoit-on de loin avec son feuillage plus persistant que celui d'autres arbres et de couleur ardoisée, et son tronc généralement droit.

Contrairement à ce qu'on a dit, il n'y a pas encore de vraies plantations organisées. Le Gouvernement, à l'instar de celui du Para, a cru stimuler le zèle des Céariens en promettant une prime de 500 milréis (environ 500 francs) par 1,000 plants de caoutchouquiers.

Dans trois endroits seulement, j'ai pu voir des essais faits par les gens du pays : à Fortaleza, capitale de la province, à Maranguape, et sur la ligne du chemin de fer de Fortaleza à Senador-Pompeu. Mais, la prime une fois touchée, les plants ont été abandonnés à eux-mêmes et aucun soin ne fut pris désormais pour en assurer le succès : incurie d'autant plus regrettable que ces arbres à bois creux et fragile demandent à être abrités contre les vents prédominants.

La croissance du *Manihot* est très rapide et, dans les essais de plantations que j'ai vus, des plants de cinq mois atteignaient 7 à 8 pieds de hauteur, et ceux d'un an plus de 12 pieds. Par contre, j'ai appris à Céara que, dans la province voisine de Maranhao, d'importants défrichements avaient été faits et avaient donné lieu à de fortes commandes de graines de *Manihot*.

Lorsque j'étais au Céara, un journal local reproduisait un article sur ce caoutchouquier indiquant les procédés de plantations et l'époque la plus favorable pour les entreprendre, ainsi que le choix du terrain, argile rouge ou brune[1], pour sa culture. Les Céariens prétendent que quatre années suffisent pour avoir des *Manihot* en plein rapport. Dès qu'ils atteignent 0 m. 15 de diamètre, on peut les saigner légèrement.

Quoiqu'on rencontre parfois des *Maniçobas* (*Manihot*) chargés de graines dans d'autres localités du Brésil et d'ailleurs, les planteurs préfèrent s'adresser directement à Céara pour l'approvisionnement de leurs semences. Ils craignent que les graines de cultures d'autres régions ne donnent pas des arbres d'un rendement égal à ceux du pays d'origine.

---

[1] Cependant je ne les avais vus à l'état sauvage que dans les sables granitiques et quartzeux.

Si le Gouvernement de Céara fait ce qu'il peut pour l'extension des cultures, les encouragements sont limités par suite de l'émigration irréfléchie qui augmente chaque année vers l'Amazonie, où les Céariens espèrent faire fortune. J'ai vu des navires du *Lloyd Brésilien* chargés de plus de 1,200 émigrants arrivant à Para, et les trois quarts étaient du Céara; la plupart tombent victimes des fièvres paludéennes si funestes dans la région de l'Amazone. En 1895, il était parti du Céara pour le Para 9,092 émigrants, d'après les statistiques officielles, et ce nombre a beaucoup augmenté depuis, au dire des négociants du pays.

Une troisième sorte de caoutchouquier de ces régions brésiliennes, qui devait attirer mon attention, est l'*Hancornia speciosa* ou *Mangabeira* des indigènes, Apocynée formant un arbre de petite taille et dont le fruit comestible est vendu sur les marchés. Au Céara, où j'ai pu me procurer un échantillon de caoutchouc de *Mangabeira* et de son latex, j'ai su que ce produit était exclusivement expédié à Liverpool où il n'atteint qu'un prix relativement bas, en raison de la petite quantité exportée.

Au sujet de ce caoutchouc, on peut faire les conjectures les plus diverses et sur d'autres sortes encore, car les renseignements les plus contradictoires sont donnés, le plus souvent à dessein, pour troubler le chercheur et dérouter le négociant désirant s'éclairer. La crainte de voir dévoiler une marchandise dont on ne veut pas faire connaître la véritable origine incite les naturels à faire passer une gomme pour une autre; aussi l'on ne peut se fier à eux pour entreprendre des analyses concluantes sur un produit d'origine bien déterminée.

Le *Mangabeira* passe pour donner un caoutchouc médiocre et cependant il s'en exporte une assez grande quantité de Pernambouc; il est possible qu'il soit clandestinement associé à une sorte de caoutchouc réputé de qualité meilleure et on tirerait, de ce fait, un prix plus rémunérateur de la gomme en question. Le *Mangabeira* ne se rencontre que très peu au Céara, mais il abonde dans la province de Pernambouc d'où il paraît être originaire. Je n'ai eu d'ailleurs au Céara que des renseignements vagues et peu concluants sur ce sujet qui m'intéressait. Il ne faut pas oublier qu'au pays brésilien l'office d'enquêteur est aussi ingrat que possible.

Un des principaux motifs de mon voyage était d'obtenir des graines des arbres à caoutchouc de ces régions tropicales et d'étudier les moyens de s'en procurer suivant les besoins. Certes, depuis plusieurs années, on a pu tirer de l'Amazonie et de la province de Céara des graines de ces caoutchoutiers, mais avec beaucoup de difficultés et de nombreux aléas; les graines d'*Hevea* surtout ne se conservent que peu de temps et doivent entrer en germination presque aussitôt après leur chute de l'arbre, sans quoi l'albumen oléagineux de ces graines s'oxyde promptement et, dès lors, l'embryon est perdu; tandis que le même inconvénient n'existe pas avec les graines de Céara qui se conservent plusieurs mois et, par cela même, leur transport offre plus de sécurité.

Les États du Brésil ne voient pas favorablement l'exportation de ces graines, dont le résultat est de faire naître une concurrence à leur préjudice; cependant la tolérance existe jusqu'à présent, quoiqu'on soit menacé à courte échéance d'une interdiction complète de l'exportation; aussi faut-il que les acheteurs attentifs soient sur les lieux au moment de la récolte pour se disputer les graines que les Américains, les Anglais, les Allemands cherchent également à se procurer. Autre écueil : si l'acheteur ne surveille pas son achat, il court le risque de recevoir des graines ébouillantées. Par pure méfiance un indigène anéantira la vitalité des graines qu'il doit livrer, tout en ayant tiré un bon prix de son opération. Avec une expérience qu'il faut acquérir on arrive à n'être pas trompé, mais il faut procéder soi-même à l'acquisition, à la vérification, puis à l'emballage, qui est très délicat, et à l'expédition desdites graines.

En résumé, j'ai pu, malgré des difficultés nombreuses à surmonter, envoyer en France, durant cette mission, plus de 100,000 graines d'*Hevea* et 350,000 graines de *Manihot Glaziovii*.

La perte, sur laquelle on doit toujours compter, imputable au transport, a été pour mes expéditions de 30 p. 100 pour les premières et nulle pour les secondes, et dans ce calcul des pertes je comprends celle d'un lot important par accident de voyage.

Trinidad. — Du Brésil, je me suis transporté aux Antilles, mais plus spécialement à la Trinidad, où j'avais à étudier les variétés les plus estimées de cacaoyers dans le but d'en faire provision de graines pour les rapporter en France, ainsi que d'autres graines et plantes utiles, telles que muscadiers, girofliers, poivriers, vanilliers, etc.

Les communications entre le continent brésilien et les Antilles sont peu fréquentes et, du Brésil, je n'avais qu'un bateau touchant à la Barbade, où il m'en fallait attendre un autre pour aller à la Trinidad. La malchance a voulu que, dans le vapeur qui m'amenait à la Barbade, il y eût deux malades atteints de la fièvre jaune et, seul voyageur à descendre à terre, j'ai dû subir avec mes caisses de plantes et de graines une quarantaine de quatorze jours, qui fut très préjudiciable à mes affaires et à la cargaison que je transportais.

La Barbade est, comme on sait, une île anglaise où se cultive la canne à sucre en grand et sur un terrain très approprié à cette culture.

A la Trinidad, j'ai pu voir une superbe colonie en pleine prospérité et y faire d'utiles observations. Le point, pour moi, le plus intéressant de cette île était, à Port of Spain, le Jardin colonial, merveilleusement installé et contenant tous les végétaux utiles des tropiques, soigneusement classés et étiquetés. La multiplication s'y fait suivant les besoins, pour en faire profiter la colonie elle-même ou les autres colonies anglaises. Ce procédé facilite l'extension des bonnes variétés de végétaux qui ont été obtenues ou introduites dans ce jardin.

Après examen consciencieux de cet établissement, ma mission consistait à me procurer des plantes et des graines utiles à expédier à Paris, comme je l'avais fait pour les graines de caoutchouquiers du Brésil.

Mes envois ont consisté en 1,000 plants de vanilliers, 1,000 de muscadiers, 200 de canne à sucre sélectionnée, 300 poivriers, 30,000 graines de cacaoyers des variétés les plus estimées aux Antilles et au Vénézuela, et plus de 100,000 graines de plantes diverses.

L'étude des variétés des cacaoyers, ainsi que des meilleurs procédés de leur culture, n'est pas encore complète, tant s'en faut. Les horticulteurs, comme les colons, savent que l'expédition des graines des cacaoyers dont on veut conserver les propriétés germinatives est une opération délicate, et qu'il faut un certain tour de main et des soins d'emballage spéciaux pour réussir. Grâce à l'apprentissage que j'avais fait à la maison Godefroy-Lebœuf, de Paris, j'étais en mesure de faire des envois dans de bonnes conditions. »

M. Poisson.

J'ai également pu voir à la Trinidad le *Mimusops Balata* dont le produit régénéré est maintenant fort apprécié. Cette Sapotacée forme des arbres magnifiques, d'une très grande hauteur et d'un diamètre dépassant quelquefois 1 m. 25. Le *Balata* n'est pas exploité dans l'île pour la gomme qu'il produit; son bois, étant très dur et réputé imputrescible, est employé pour la charpente dans la bâtisse et surtout pour faire des traverses de chemin de fer. Mais sa gomme, qu'on trouve à Port of Spain, vient surtout du Vénézuela, puis des Guyanes et passe en transit à la Trinidad, qui est pour cette raison souvent indiquée comme le pays d'origine.

Des incisions faites sur les arbres donnent un lait dense, qui coule difficilement et obstrue vite les blessures faites à l'écorce, et qu'il faut constamment aviver pour obtenir une quantité appréciable de latex. Ce dernier se coagule lentement à l'air, au bout de 24 heures environ, et donne la sorte de gutta nommée *Balata*, moins employée à la confection des câbles électriques que pour les courroies de transmission et autres applications industrielles.

J'ai pu observer quelques essais de plantations de caoutchouc du Mexique (*Castilloa elastica*), qui ont donné des résultats tellement encourageants que le Gouvernement colonial de la Trinidad avait décidé de mettre en culture 100 hectares de terrain, de façon à montrer par un essai en grand le parti à tirer de cette espèce précieuse.

Ce projet n'a pas été mis à exécution, par suite de la formation récente de plusieurs syndicats.

Obligé de rapporter moi-même les plants et graines que j'avais collectés, il m'était difficile de prolonger mon voyage au delà du mois de juillet, mais j'étais désireux de revenir afin de réunir d'autres renseignements nécessaires à une étude plus étendue sur les caoutchoucs, et aussi pour me procurer de nouvelles graines des diverses plantes économiques de ces régions.

Je n'ai pas négligé de rapporter des échantillons de laits d'*Hevea*, de *Manihot*, d'*Hancornia* et de *Balata* pour l'étude chimique de ces latex.

Je me suis également procuré les instruments servant à la récolte du lait et, non sans peine, des photographies que j'ai dû faire exécuter exprès dans la forêt.

Enfin, j'ai collectionné un certain nombre de produits utiles ou de fruits et de graines qui m'ont paru devoir présenter de l'intérêt au point de vue de la botanique systématique ou de la botanique économique. Tous les produits ou échantillons dont il s'agit ont été en grande partie déposés au Muséum d'histoire naturelle.

SECOND VOYAGE, ACCOMPLI DU 9 DÉCEMBRE 1898
AU 23 SEPTEMBRE 1899.

Le second voyage que j'entrepris avait pour but de visiter de nouveau les régions que j'avais déjà parcourues, puis de terminer cette mission en me transportant au Costa-Rica.

Martinique. — Parti de Saint-Nazaire le 9 décembre 1898, j'arrivai le 22 du même mois à Fort-de-France (Martinique). Je me rendis au jardin Saint-Pierre où je fus reçu par M. Nollet, le jardinier chef.

Je remarquai dans cet établissement plusieurs pieds de *Castilloa elastica* de six mois de plantation, ayant déjà plus de 1 mètre de hauteur.

Cette espèce paraît être celle qui réussira le mieux parmi les arbres à caoutchouc de la Martinique.

Le *Ceara* semble se plaire moins que le *Castilloa*, et les pieds qui s'y trouvent sont attaqués par un parasite qui fait tomber les feuilles. Je n'avais jamais vu ailleurs cette dégénérescence des feuilles du *Ceara*.

J'envoyai au Muséum des feuilles malades pour qu'on voulût bien les examiner. Le laboratoire d'entomologie a reconnu que leur altération était causée par les piqûres d'un acarien du genre *Tetranychus*.

Je trouvai aussi dans ce jardin colonial une liane introduite depuis quelques années et d'origine indienne, le *Chonemorpha macrophylla*, Apocynée très lactescente et qui paraît donner un caoutchouc nerveux, si j'en juge par les échantillons que j'ai rapportés et qui ont été reconnus, par les personnes compétentes, être d'excellente qualité. La latex de cette liane se coagule rapidement. Du pied qui fut coupé en 1891, lors du cyclone qui passa sur les Antilles vers cette époque, il avait repoussé trois tiges de o m. o4 de diamètre et d'une longueur d'environ 10 mètres.

Le sol dans lequel croît ce *Chonemorpha* est sec et léger, indication peut-être utile pour l'avenir. Des efforts sont faits en ce moment pour se procurer des graines de cette espèce qui mérite qu'on s'y intéresse.

Le jardin de Saint-Pierre contient d'autres plantes lactescentes, mais dont le latex ne paraît pas avoir de valeur.

Sainte-Lucie. — De la Martinique, je m'embarquai pour Sainte-Lucie le 23 décembre. Je remarquai dans le jardin de cette colonie un *Castilloa elastica* de 10 ans, ayant environ 25 centimètres de diamètre; puis d'autres de belle venue de 4 à 5 ans et commençant à donner des graines. Ces arbres n'ont pas été saignés et ils servent de porte-graines.

Il y a en outre une cinquantaine d'arbres d'âges divers disséminés dans l'île, chez plusieurs propriétaires, et donnant aussi quelques graines.

Je n'ai eu aucun renseignement sur le *Ceara* ni sur l'*Hevea* dans cette localité, aucun essai n'a été fait avec ces espèces jusqu'à présent.

Trinidad. — A la Trinidad, où je me rendis ensuite et dont j'ai fait mon quartier général depuis mon précédent voyage, je recueillis d'utiles renseignements et je me procurai de grandes quantités de fruits ou cabosses de cacaoyer, des boutures de canne à sucre, de vanillier, etc.

Le directeur du Jardin colonial, M. Hart, et ses adjoints s'occupent activement de répandre le *Castilloa* comme un arbre à caoutchouc considéré comme l'essence d'avenir de cette région. Les spécimens que j'ai vus servent de portegraines et des milliers de semences ont été déjà répandues dans la colonie à raison de 15 francs le cent.

M. de Sammery, du Havre, qui a des terres à la Guadeloupe, a fait acheter 1,600 pieds de *Castilloa* pour y être envoyés. Les demandes ont été si nombreuses à la Trinidad qu'on a dû vendre les graines aux enchères. Le directeur du Jardin colonial avait reçu, pour l'été de 1900, des commandes s'élevant au total de 200,000 graines.

Un syndicat composé de plusieurs planteurs s'est formé et a acquis 300 hectares de forêt du gouvernement local pour y mettre du *Castilloa*; 14,000 pieds étaient déjà mis en place au commencement de 1899. Le rendement, encore mal connu pour les essais de culture, aurait donné par saignée, chez M. A. de Verteuil, une moyenne de 300 grammes de caoutchouc pour un arbre de 6 ans et 700 grammes pour un de 10 ans.

Il ressort de ces observations que le *Castilloa* peut être avantageusement planté dans nos Antilles, et qu'il ne faut pas négliger d'en étendre les cultures autant qu'on le pourra.

Pour ce qui est du *Ceara*, un propriétaire, M. Bert, de Lamartin, a fait planter à la Trinidad 80,000 pieds de cette espèce, mais il n'a pas réussi; quelques-uns seulement restent sur le terrain. Cet insuccès était à prévoir, le sol en cet endroit étant marécageux et submergé une ou deux fois par an, et il a refroidi les planteurs désireux d'introduire le *Ceara* sur leurs exploitations.

M. Hart pense qu'il faut exclure ce caoutchouquier de la Trinidad; le pays en effet est trop humide pour lui, et le latex qu'il donne n'est pas assez dense. Ce qui a engagé certains planteurs à l'essayer, c'est qu'il croît merveilleusement en plusieurs points de l'île. Connaissant très bien la nature du *Manihot Glaziovii*, que j'ai vu au Céara même et en d'autres régions américaines, je suis entièrement de l'avis du directeur du Jardin colonial. Je ne conseillerai jamais de planter du *Ceara* aux Antilles, à moins que ce ne soit en collines sèches, en terrain pauvre et en débutant par un essai de peu d'étendue, pour s'assurer du résultat avant de faire des plantations importantes.

Les quelques *Hevea* du Jardin colonial introduits du Brésil il y a une dizaine d'années sont assez forts pour fleurir et donner quelques graines. J'ai pu obtenir des semences d'un de ces arbres, notamment d'une espèce rare et réputée pour la qualité de son latex, l'*Hevea confusa*, et ces semences en serre, à Paris, ont donné des plants de belle venue.

Abstraction faite de ces spécimens, les essais de culture d'*Hevea* faits par le directeur du Jardin ne paraissant pas satisfaisants, aucune entreprise de culture de ce caoutchouquier n'a été tentée dans l'île.

Para. — Je quittai la Trinidad à la fin de janvier et j'allai prendre à la Barbade un bateau pour le Para, où j'arrivai le 1ᵉʳ février. La saison des pluies n'étant pas encore terminée dans la basse Amazonie, je dus attendre jusqu'au milieu de mars pour commencer à faire la récolte des graines d'*Hevea*.

Ce sont les premières journées de fort soleil, après la saison pluvieuse, qui font mûrir et éclater les fruits, projetant alors les graines à distance.

Je parcourus à nouveau les environs de Para, puis le nord-ouest de l'île de Marajo dans le bras nord du delta de l'Amazone, pour compléter mes observations de l'année précédente sur la coagulation du latex d'*Hevea*, et aussi la distinction des espèces mises en exploitation.

J'étendis mes excursions le long du Guama et de ses affluents, contraint de supporter encore à ce moment de l'année plus de pluies torrentielles que de soleil ardent. Je rapportai chaque jour, et peu à peu, quelques ustensiles dont se servent les seringueros pour la récolte du caoutchouc; ils ne les abandonnent qu'avec difficultés et à prix d'argent. Je pus ainsi compléter la série que j'avais commencée en 1898 et qui arriva au Muséum au commencement de 1899. Je me procurai aussi des machado, servant à saigner les arbres, et des calebasses pour mettre le lait au moment de la récolte, lorsqu'il a été reçu dans les tigelinhas. Ces derniers sont maintenant faits en fer-blanc, et quiconque peut s'en procurer; mais, ce qui est plus rare, ce sont les tigelinhas en terre cuite, tels que les anciens seringueros les faisaient eux-mêmes dans la forêt, et qu'ils fixaient à l'arbre au moyen d'une pelotte d'argile. Je pris aussi des photographies d'arbres ou d'instruments, puis des échantillons de caoutchouc à l'état de lait ou après préparation, et enfin des sections d'arbres d'*Hevea* et de *Sapota* qui pouvaient intéresser le Muséum.

Ce sont des troncs de 1 m. 60 de long, avec cicatrices d'entailles pratiquées pour l'extraction du latex; il n'en n'existe dans aucun musée en France, et probablement en Europe, à cause des difficultés que l'on éprouve à faire abattre les arbres à caoutchouc qui sont des objets de rapport, et aussi par suite de l'embarras de leur transport en Europe.

Finalement, j'ai pris moi-même ou fait prendre sous mes yeux de nombreux échantillons de lait de caoutchouc que j'avais pour mission de rapporter en les aseptisant au moyen de réactifs divers, afin qu'ils arrivassent en bon état pour leur étude chimique, étude entreprise depuis deux ans par M. Gabriel Bertrand qui avait déjà reçu des échantillons de mon voyage précédent. M. G. Bertrand avait commencé cette étude lorsqu'il était préparateur en chimie organique au Muséum, et il les continue maintenant au laboratoire de l'Institut Pasteur dont il occupe la place de chef de service. Les prémices de son travail sur cette importante question sont relatées dans la note jointe à ce Rapport en attendant la présentation par son auteur du résultat complet de ses recherches à l'Académie des Sciences [1].

[1] Les causes qui amènent la coagulation du latex en caoutchouc ne pouvaient être bien connues qu'en étudiant ces causes avec du latex aussi frais que possible. D'après M. Bertrand, les phénomènes devraient être multiples et se rattacher à deux ordres différents : les uns, phénomènes physiques, et les autres, phénomènes chimiques.

Dans les premiers, les globules se rassemblaient comme cela arrive pour les globules graisseux du lait ordinaire, par suite de différence de densité et affinité capillaire. La centrifugation, en s'exerçant sur les globules dont la densité est différente de celle du serum, les rapproche et les presse jusqu'au contact intime, d'où résulte leur fusion. Le barattage agit d'une manière analogue en projetant vivement les globules du lait de caoutchouc les uns sur les autres.

Cette explication est celle qui est le plus généralement adoptée, mais il y a certains cas qui sont en contradiction avec elle et il intervient certainement une autre cause, d'ordre chimique cette fois. Les recherches faites par M. Bertrand, et par moi-même sur ses indications, permettent de croire qu'il en est bien ainsi, et même qu'il y a lieu de considérer non seulement une seule cause chimique, mais plusieurs causes.

La plus simple serait la coagulation d'une substance albuminoïde dissoute dans le latex, coagulation qui entraînerait les globules de caoutchouc dans le précipité. L'apparition du magma de caoutchouc serait alors comparable à celle de la formation du fromage dans le lait, avec cette différence que, dans le latex à caoutchouc, les globules insolubles entraînés forment la plus grande partie du précipité, tandis que, dans le fromage, c'est la matière albuminoïde qui domine.

Comme les matières albuminoïdes peuvent être coagulées par la chaleur, la plupart des acides, certains sels, etc., on s'explique aisément l'action de ces réactifs sur certains latex. Il faut toutefois tenir compte de ces faits, que l'ébullition seule peut quelquefois agir seulement comme cause physique, en fondant les globules de caoutchouc et en facilitant de cette manière leur fusion réciproque.

La dernière cause, à peu près méconnue jusqu'ici, est celle de l'intervention d'un ferment soluble dans le latex, c'est surtout elle qui apparaît dans la coagulation spontanée. Pour en donner ici encore une comparaison, il suffit de rappeler ce qui arrive quand on abandonne à lui-même le jus de certains fruits

Sans vouloir trop insister sur les difficultés que l'on éprouve à se procurer du lait de caoutchouc en quantité suffisante, je ne puis cependant les passer sous silence. La récolte ne commençant qu'après la saison des pluies, il fallut beaucoup de persistance et d'argent pour obtenir en plusieurs fois 12 à 15 litres de latex quand les pluies donnaient quelques heures de répit, la récolte d'un homme n'étant guère de plus de 1 litre et souvent moins par jour, et les arbres, suivant la croyance des seringueros, n'étant pas encore accoutumés à être saignés et ne donnant alors qu'une faible quantité de latex. D'autre part, les eaux, encore hautes, rendaient souvent l'accès des arbres impraticable, il fallait alors, pieds nus et à mi-jambe dans l'eau, suivre les seringueros toute une matinée pour avoir une ou deux bouteilles de lait et recommencer le lendemain, jusqu'à ce qu'on eût la quantité désirable. Toutefois, on ne saurait trop recommander aux Européens d'éviter un exercice de cette nature sous l'équateur, il ne serait pas toujours sans péril pour eux.

et de feuilles. Le jus, préalablement limpide, se sépare après quelque temps en deux parties : l'une solide et l'autre liquide. Quelquefois la partie solide est formée par des matières albuminoïdes et quelquefois aussi par des composés protéiques. Dans le latex, les globules de caoutchouc en suspension seraient alors entraînés par le coagulum.

Comme l'action des ferments coagulants peut être entravée ou favorisée par certains réactifs, on a, dans l'emploi de ceux-ci, un moyen de rechercher si la coagulation du latex peut être due à la présence de telle substance. C'est précisément ce qui ressort des expériences que j'ai faites en additionnant le latex d'arbres à caoutchouc, immédiatement après la récolte, d'une certaine proportion des réactifs particuliers que M. Bertrand m'avait engagé à essayer.

J'ai aussi cherché, d'après ses conseils, si les latex des arbres à caoutchouc renferment des oxydases, substances qui pourraient plus tard, étant entraînées par le caoutchouc, déterminer l'altération de cette matière.

Enfin, il y a une autre question pour l'étude de laquelle j'ai encore des échantillons à M. Bertrand : il s'agit de savoir si le caoutchouc apparaît déjà dans les jeunes branches et dans les feuilles, et si l'on pourrait dans le cas affirmatif exploiter celles-ci par l'extraction du caoutchouc.

Ces envois d'un genre tout particulier ont donné l'occasion de trouver un moyen d'envoyer à grandes distances des fragments de végétaux présentant à l'arrivée la consistance et presque le même aspect qu'au moment de la récolte, ce qui est souvent indispensable pour de semblables études.

En résumé, toutes ces recherches, qui n'ont pas encore été publiées, feront, quand elles seront terminées, l'objet d'un travail scientifique et auront, sans aucun doute, des applications pratiques et industrielles.

Cette particularité de l'accoutumance des arbres à être saignés, dont il est parlé plus haut, je l'ai observée également sur des *Hevea* vierges en particulier, c'est-à-dire n'ayant jamais été saignés, et qui ne donnaient à la première exploitation que fort peu de latex. Je l'avais déjà remarqué sur le *Ceara*, mais elle est plus évidente sur les *Hevea*. Cette observation est conforme aux expériences méthodiques faites au Jardin botanique de Ceylan (Woundeffect). 1,000 grammes de latex récoltés sur des arbres saignés pour la première fois ont produit, après six mois de séchage, 332 grammes de gomme de première qualité à 33 p. 100, alors que plus tard le lait peut arriver à donner, sinon la moitié de son poids, mais certainement la moitié de son volume en caoutchouc.

Dans plusieurs cases de seringueros que je visitai, je trouvai une poudre, préparée par un pharmacien de Para, destinée à conserver plus longtemps que d'ordinaire le latex fluide en attendant son enfumage. Ce procédé est fort utile pour le seringuero; car, si la journée est très chaude, et si le chemin à parcourir pour revenir à la case est long, il n'est pas obligé de hâter son retour, souvent sans pouvoir changer de vêtement, pour préparer son feu et enfumer son latex avant qu'il ne se coagule de lui-même. Le matin, en partant, il met une ou deux cuillerées de « pazalina » dans la calebasse qu'il tient à la main pour y verser le latex qui coulera dans les tigelinhas, et qui se conservera jusqu'au lendemain s'il n'a pas le temps de procéder à son enfumage le jour même. Ce produit est composé de trois parties de carbonate de soude et d'un quart de sel marin.

D'après ce que m'ont dit plusieurs seringueros, pendant la bonne saison de récolte, on obtient par saignée 1 kilogramme de latex fourni par 90 arbres en moyenne, et par 50 arbres si l'on est au début ou à la fin de la saison. Il est à remarquer, d'après les mêmes sources, que le rendement n'est pas régulier pour un même arbre et pour les jours suivants; les incisions peuvent laisser couler abondamment le latex un jour et moins le lendemain, ou bien c'est l'inverse qui a lieu.

Suivant la dimension des arbres, la saignée se pratique tous les jours ou tous les deux ou trois jours.

Dans la grande île de Marajo, les autres îles du delta et la basse Amazone, y compris les territoires du Xingu et du Tocantin, les seringueros reconnaissent dans les *Hevea* qu'ils exploitent deux sortes d'arbres dont j'avais déjà parlé dans la première partie de mon rapport de 1898. Je ne puis assurer que ce sont deux espèces ou deux variétés, n'ayant pu, au moment où je me trouvais au Para, les voir comparativement en fleur et en fruit, mais les organes de végétation sont certainement distincts. Il est possible que ce soit deux races de l'*Hevea brasiliensis*; mais, à la simple vue, elles sont différenciées par la couleur de l'écorce, par le port du feuillage et la nuance de celui-ci.

1° Le *Branco*, ou *blanc*, a les feuilles d'un vert clair, et elles sont tombantes, larges et longues par rapport à la seconde forme, leur sommet est très acuminé; souvent elles sont tachetées de piqûres d'insectes; les folioles pendent presque verticalement et le pédoncule commun est également infléchi. Cette attitude est accentuée par une forte chaleur.

2° Le *Preto*, ou *noir*, pousse plus vite et plus droit; il branche beaucoup plus haut. Sur les jeunes arbres comme sur les adultes, le port du feuillage est différent du *Branco*. Le pétiole commun est ici plutôt relevé qu'infléchi, et il forme même un coude avec les folioles qui sont encore plus relevées que lui.

Je n'ai pas remarqué les taches de piqûres d'insectes fréquentes sur le *Branco*, et peut-être peut-on attribuer ce fait à une plus grande résistance de l'épiderme.

J'ai pris des photographies de ces deux formes d'*Hevea*.

Les seringueros prétendent que l'*Hevea noir* a un latex qui coule plus facilement et qu'il est plus riche en caoutchouc que l'*Hevea blanc*. Il ne m'a pas été possible de contrôler ces assertions, faute de latex suffisant de chacune des deux variétés. Un des avantages de l'*Hevea noir* serait de prendre plus facilement de bouture que le *blanc*.

J'ai vu un essai de plantation de boutures du *Preto* de 1 à 2 centimètres de diamètre et de 2 mètres de long, et pas une de ces boutures n'a manqué à la reprise. Cependant, je dois dire qu'il m'a paru que les plants venus de ces boutures n'avaient pas en général la même vigueur que ceux issus de graines.

J'ai vu, à la localité de Magnary, quelques *Hevea blancs* de 8 ans de plantation et ayant un diamètre de o m. 22 à o. m. 25 sur 9 mètres de haut. Entre Benevidés et Benfique, chez un propriétaire italien, M. Frediani, se trouve une plantation d'*Hevea* et d'arbres fruitiers, et personne dans la contrée ne semble la connaître. J'y ai vu, entre autres, 6 *Hevea* noirs plantés il y a onze ans et ayant o m. 95 à o m. 99 de circonférence à 1 mètre du sol. Ce propriétaire a planté en 1896-1898, sur sa concession, près de 5,000 *Hevea*. C'est un domaine qui vaudra dans cinq ou six ans, 50 à 60 contos de reis.

Sur cette même plantation, j'ai remarqué une vingtaine d'arbustes qui donnent le caoutchouc dit de *Pernambouc* (*Mangabeira* des Brésiliens, *Hancornia speciosa* des botanistes) dont j'ai parlé dans la première partie de mon rapport. Ces arbustes avaient quatre ans et mesuraient o m. 03 à o m. 05 de diamètre et 3 à 4 mètres de haut; ils provenaient de graines venant de Soures, dans l'île de Marajo, où je me rendis quelque temps après par un petit vapeur. Mais la hauteur des eaux m'empêcha absolument d'accéder aux *Mangabeira*, qui sont sur une élévation entourée de marécages, jusqu'à la fin de l'hivernage. Les fruits, qui sont comestibles, mûrissent en janvier et février, et, quand il est possible aux indigènes d'aller les récolter, ils les apportent au marché de Para; mais quand les eaux tardent à se retirer l'occasion de les recueillir est manquée.

Le centre de production du *Mangabeira* est dans le Brésil central, et la province de Pernambouc plus particulièrement.

Si je reparle incidemment du *Mangabeira*, c'est pour signaler certains détails intéressants sur le caoutchouc qu'il donne. Celui-ci est une matière de second ordre, mais qui, par une coagulation bien comprise, peut donner une assez bonne gomme, réservée toutefois pour les applications spéciales ou bien pour servir à des mélanges avec d'autres sortes. J'ai dit déjà qu'il en arrivait d'assez grandes quantités à Liverpool.

Un des inconvénients de ce caoutchouc est de contenir une forte proportion de résine, beaucoup plus que la plupart des autres sortes, c'est-à-dire 13 p. 100 et, de ce fait, sa vulcanisation exige une plus grande quantité de soufre.

Un autre inconvénient est le peu de constance de la germination des graines de *Mangabeira*, ce qui en rend le transport et l'extension dans les cultures très aléatoires.

Je crois que le *Mangabeira* n'est pas appelé à entrer dans les plantations. Il sera exploitable au Brésil, sa patrie, où l'on ne soigne guère la préparation de son latex en général, mais ce ne sera jamais un caoutchouquier d'introduction dans les colonies.

Avant de quitter le Para, je désirais prendre des statistiques de l'exploitation du caoutchouc de l'Amazone, comme je l'avais fait lors de mon premier voyage, et voici le détail des deux dernières années.

EXPLOITATION DU CAOUTCHOUC DE L'AMAZONE.

MOIS	REÇU À PARA INCLUS SERINGUE DE PARA. tonnes.	EXPORTATION en EUROPE. tonnes.	EXPORTATION en AMÉRIQUE. tonnes.
ANNÉE 1892.			
Janvier	1,985	965	1,715
Février	4,700	1,345	1,900
Mars	2,450	1,050	1,455
Avril	1,520	1,525	750
Mai	1,400	820	550
Juin	1,070	700	635
Juillet	1,050	770	550
Août	1,240	660	520
Septembre	1,350	640	750
Octobre	2,150	950	1,150
Novembre	2,600	1,050	1,400
Décembre	2,600	870	1,540
Totaux	25,915	11,495	13,855
ANNÉE 1900.			
Janvier	3,640	1,370	1,350
Février	4,000	1,880	1,480
Mars	3,110	1,675	1,490
Avril	1,600	890	815
Mai	1,750	1,845	500
Juin	1,680	980	950
Juillet	830	345	310
Août	1,280	770	690
Septembre	1,270	465	670
Octobre	2,360	1,100	1,290
Novembre	2,100	950	1,250
Décembre	2,500	1,455	1,850
Totaux	26,850	14,555	12,695

La production augmente sensiblement tous les ans :

En 1896 elle était de.. 21,710 tonnes.
     1897.. 22,658
     1898.. 23,000
     1899.. 25,215
     1900.. 26,850

Il ne sera pas sans intérêt de mentionner ici les droits que supporte le caoutchouc à la sortie du pays de production en Amazonie, et qui expliquent le prix relativement élevé de cette matière.

Les droits perçus par le fisc du Para atteignent 22 p. 100 de la valeur moyenne du caoutchouc, basée sur le prix du marché de la semaine précédente.

A ces droits excessifs, il faut ajouter :

Frais de wharf......................... 2 reis par kilogr.
Assurance............................... 1/8 p. 100.
Caisse et encaissage .... 14 milreis.
Commission de l'agent expéditeur .... 1 p. 100 sur facture totale.
Droit de facture consulaire pour les
     Etats-Unis seulement.............. 25 milreis.
Timbre.................................. 1 milreis pour 1.000 milreis
                                         plus 10 p. 100.

En réalité les droits d'exportation et les frais mentionnés ci-dessus sont en général estimés à 25 p. 100 en sus du prix d'achat. Quant au fret, il est payable à destination, mais il doit aussi entrer en ligne de compte. C'est donc au bas mot de 30 p. 100 que se trouve grevé le caoutchouc du Para avant d'être en la possession de l'acheteur dans un port d'Europe.

Le milieu de mars arrivant et la saison des pluies touchant à son terme, je profitai de quelques journées de soleil pour tenter de recueillir des graines d'*Hevea* qui commençaient à tomber des arbres. Je fus occupé par la récolte jusqu'à la fin d'avril. J'expédiai en conséquence, à la maison Godefroy-Lebeuf, qui me commanditait, plusieurs milliers de graines avec un emballage soigné et je me préparai à partir pour les Antilles et le Costa-Rica.

J'envoyai au Ceara, n'ayant pas eu le temps d'y aller moi-même, un voyageur pour se procurer environ 1.000 kilogrammes de graines de *Manihot Glaziovii* pour être expédiées à Paris.

Le consul de France à Para, M. Caula, me recommanda obligeamment au commandant d'un bateau-câble français, qui, de Para, allait à la Martinique, et je profitai de cet avantage pour m'embarquer le 9 mai pour les Antilles. Malheureusement, en passant en vue de Cayenne, le vapeur heurta une roche à fleur d'eau à l'île Le Père et se fit de grosses avaries. Après six jours d'attente et par une mer agitée, une chaloupe à vapeur, venant de Cayenne, nous permit de communiquer avec la terre ferme. Je fus contraint de rester 18 jours dans cette ville en attendant le courrier du 3 juin pour la Trinidad, où je devais rejoindre un bateau pour Colon.

Cayenne. — Je profitai de mon séjour à Cayenne pour visiter les environs et avoir une idée un peu exacte de cette colonie.

La Guyane n'est plus un pays de cultures; il existe aux environs de Cayenne des fourrés épais, où l'on aperçoit, de ci de là, de vieux caféiers, cacaoyers, citronniers et divers arbres fruitiers des tropiques, vestiges de plantations délaissées pour des placers plus attirants.

Il se trouve des arbres à caoutchouc dans l'intérieur, m'a-t-on dit, mais dont on ne fait aucun cas. Le manque de main-d'œuvre rend tout essai de culture une fantaisie ruineuse, aussi n'existe-t-il aucune exploitation et par conséquent pas d'exportation de produits végétaux; il n'y a point de bétail, et le marché quotidien de Cayenne est moins que brillant. Le seul endroit intéressant, au point de vue cultural, est le jardin de Baduel. Son sympathique directeur, M. Bassière, me le fit visiter. Il me montra, entre autres végétaux, quelques beaux pieds de *Ceara*. Afin d'augmenter cet essai, je lui laissai une partie de la provision de graines fraîches que je rapportais du Brésil. Je vis aussi dans ce jardin un emplacement de quelques hectares sur lequel M. Bassière faisait planter des *Hevea* et des Cacaoyers provenant des pépinières de l'établissement. Dans l'ancien jardin botanique, on voit une douzaine d'*Hevea* de 0 m. 18 à 0 m. 20 de diamètre que l'on croyait être de l'*Hevea guianensis*. Ces arbres, que l'on n'a pas saigné pour ne pas entraver leur fructification, ressemblent beaucoup à une variété de l'*Hevea brasiliensis* que j'avais vue au Para; mais, en faisant une enquête sur leur identité, je finis par apprendre d'un vieil employé du gouvernement qu'un M. Langarre, négociant de Cayenne et chargé de mission en Amazonie vers 1866, avait rapporté quelques graines qui furent semées à Cayenne, dans le jardin de la Direction de l'Intérieur. Deux *Hevea*, abattus depuis plusieurs années, en sortirent, puis portèrent graines, et c'est là l'origine des arbres auxquels je faisais allusion.

L'Administration pénitentiaire a fait venir à maintes reprises des graines d'*Hevea* du Para, mais on m'a assuré qu'aucune plantation sérieuse n'en est résultée.

Je quittai Cayenne pour toucher 24 heures à Demerara, et autant à Paramaribo, deux villes florissantes, pour arriver enfin à la Trinidad. Quelques jours après je m'embarquai pour aller au Costa Rica en passant par Colon, où je devais attendre un bateau devant me mener à Port-Limon. La fièvre jaune s'étant déclarée dans l'isthme, le vapeur sur lequel j'étais fut menacé de faire quarantaine, et je ne pus descendre à Colon. Je préférai rester à bord, et retourner à Savanilla avec l'espoir de trouver une correspondance pour le Costa Rica.

Le bateau qui me prit à Savanilla toucha à Carthagène de Colombie, où je pus voir du caoutchouc de *Castilloa* provenant du haut Magdalena. Cette matière arrive à Carthagène en plaques humides et spongieuses, dégageant une odeur nauséabonde et pesant plusieurs kilogrammes. Avant de l'expédier, on fait subir au caoutchouc, en vue d'augmenter sa valeur marchande, une préparation. Les plaques sont suspendues à un crochet, puis découpées en bandes continues de trois doigts de largeur; ces bandes sont ensuite mises en tas et arrosées d'eau à profusion, puis on les passe entre deux cylindres de fonte, mus à bras d'homme, pour exprimer la plus grande quantité de l'eau qui nuirait à la conservation de la gomme et augmenterait son poids; enfin, on sèche ces bandes en les exposant à l'air, et finalement elles sont mises en paquets de 20 à 30 kilogrammes. Le caoutchouc est alors bon à expédier. Le prix de cette gomme est de 3,50 piastres = 4 fr. 50 le kilogramme pris sur place.

Costa Rica. — Arrivé au Costa Rica au commencement de Juillet, en compagnie du consul de France à San José, M. Jore, qui était sur le même bateau que moi, et qui me mit aimablement en rapport avec les autorités du pays, je commençai immédiatement à m'enquérir des plantations dont la visite pouvait offrir quelque intérêt.

Les arbres à caoutchouc du genre *Castilloa* devaient surtout appeler mon attention.

A mon grand étonnement, on ne put m'indiquer aucune plantation de cette essence en exploitation dans le pays. Je dois cependant mentionner un essai qui fut tenté, il y a environ quinze ans, sur le versant atlantique, dans les plaines de Santa-Clara, un peu au-dessus du Rio Amarillo et à 300 mètres d'altitude. Cet essai fut fait vers 1883 par le docteur Valverde, de San-José, peu après la promulgation d'un décret accordant une prime de o fr. 50 par arbre à caoutchouc planté.

Une surface de 10 manzanas (6 hectares 987 mètres) fut préparée et plantée à raison de 1,000 arbres par manzana (équivalant 1,430 à l'hectare). Malheureusement, l'emplacement fut dès l'abord mal choisi; sol superficiel, pierreux, sous-sol argileux, imperméable à l'eau des pluies, empêchant tout drainage possible et formant alors un marais qui s'étend diagonalement sur toute la propriété. Le manque de soins (les parasites couvraient les troncs et les branches) et surtout le déboisement complet aux alentours furent les causes de l'échec de l'entreprise dont on aurait pu tirer des enseignements qui sont, dans ce pays, encore ignorés à l'heure présente. Il reste à peine 3,000 arbres sur le terrain et quelques-uns n'ont pas plus de o m. 10 de diamètre; d'autres, les plus gros, ont été cassés par les vents violents et avaient entre o m. 65 et o m. 70 de circonférence. En 1899, par les soins de M. Pittier de Fabrega, 2,000 arbres environ avaient pu être saignés (la plupart, il est vrai, l'avaient été clandestinement par les voleurs de caoutchouc) et ont fourni un total de 270 livres espagnoles (121 kilogr. 9), soit 66 grammes par arbre, ce qui est fort peu.

Par contre, une société d'exploitation de bananes, la *Tropical trading and transport C°, Limited*, dans la même région, mais sur meilleur terrain, a fait inciser des *Castilloa* qui sont à l'état spontané sur ses propriétés et qui portent des traces d'incisions en V ou en diagonales qu'avaient pratiquées les indigènes antérieurement. Ces arbres sont d'assez belle venue, variant de o m. 20 à o m. 70 de diamètre. Neuf cent dix d'entre eux furent saignés récemment et donnèrent 486 livres espagnoles (223 kilogr. 560) de gomme, c'est-à-dire 245 grammes par arbre. L'extraction du caoutchouc fut faite par les soins de M. Pittier de Fabrega, de façon à endommager le moins possible les arbres entaillés. Il employa la méthode usitée dans le pays, mais en n'entaillant pas au delà de l'écorce. Des incisions en forme de V de 1 pouce de large, comprenant les trois quarts de la circonférence des arbres, furent faites sur le tronc à environ trois quarts de mètre de distance l'une de l'autre; chaque incision laissant couler le latex par la pointe du V juste au dessus de l'entaille située plus bas, pour de là se rendre dans un récipient placé au pied de l'arbre.

J'obtins la permission du directeur de la compagnie, M. Keith, de faire des essais avec une partie du latex récolté et même d'en emporter. Je le préparai de façon à le conserver liquide, associé à des réactifs, en vue d'expériences ultérieures comme je l'avais fait avec les laits d'*Hevea*.

On m'indiqua en outre un essai en grand de plantations de *Castilloa*, continué depuis par M. Koschny, sur la rivière San Carlo, mais il me fut impossible de visiter cette région.

Dans les forêts de Costa Rica, les récolteurs de caoutchouc emploient le suc de l'*Ipomœa Bona-nox* pour coaguler le latex. Ils réduisent la tige en pulpe, entre deux pierres, puis lavent cette pulpe dans un seau contenant de l'eau qui sera alors mêlée au latex, sans tenir compte de la quantité d'eau ou de liane employée et de latex ajouté.

Café. — Sur les plateaux entourant la capitale de Costa Rica, à une altitude de 800 à 1,200 mètres où la température est moins chaude qu'à la côte, il existe de belles cultures d'un café très apprécié en Europe et qui atteint des prix élevés. Cette culture a diminué dans ce pays, car pour être rémunératrice il faut qu'elle soit faite en grand; beaucoup de petits cultivateurs abandonnent ou vendent leurs propriétés aux grandes compagnies qui se sont formées.

Le café de Costa Rica est du *Coffea arabica*, qui fut apporté de la Martinique. Il s'est bien adapté au sol et donne la marque *Costa Rica* très cotée à Londres où elle est presque entièrement vendue, sauf le peu qu'une maison française, MM. Hamon et Cⁱᵉ, établis à San José, expédie à Bordeaux. Je n'ai trouvé qu'une seule autre variété de café, dite de Saint Ramond, et dont on voit quelques plants cultivés dans les parties basses du versant atlantique. On ne connaît pas la valeur de cette sorte qui n'est cultivée qu'à titre de curiosité. Je n'ai pu savoir quelle en était la provenance.

Le café sur plantation soignée donne une moyenne de 12 à 15 fanegas (4,800 à 6,000 litres) de café en cerises ou 634 kilogr. 800 à 793 kilogr. 500 de café marchand par manzana = 6,987 mètres.

Sur des plantations bien entretenues, celle de la maison Hamon et Ce par exemple, on a obtenu jusqu'à 40 fanegas (16,000 litres ou 2,116 kilogrammes) de café marchand.

Une des raisons de la grande production des plantations Hamon et Ce, indépendamment du soin avec lequel les arbres sont dirigés, est le buttage des pieds plusieurs fois dans l'année et lorsqu'ils sont en fruit. C'est à ce moment qu'a lieu le buttage le plus relevé. Cette opération occasionne généralement la production d'une seconde tige qui pousse concurremment avec la première, et l'on n'a pas observé que ce fût dommageable à l'arbuste.

À mon sens, cette seconde tige a l'avantage de prévenir le trop grand développement du caféier et lui fait produire un plus grand nombre de branches latérales; l'étêtage, de ce fait, est presque supprimé.

Pour décharger les jeunes arbres trop couverts de fruits, on se trouve bien d'éliminer les branches basses, allégeant ainsi le pied et permettant le buttage subséquent.

Le buttage a aussi l'avantage d'aérer le sol et d'y faire pénétrer plus facilement les engrais. Ceux-ci consistent d'abord en la pulpe des cerises, puis de la parche ou endocarpe du café qui est un pauvre engrais, mais qui donne de la légèreté à la terre, et, enfin, des produits de dragage d'un étang artificiel construit pour alimenter le moulin à broyer.

Les semis se font de la façon suivante : on choisit les plus belles graines qui sont mises en terre à 0 m. 25 de distance en tous sens; les jeunes plants qui en résultent, après une année, ont 0 m. 30 à 0 m. 40 de hauteur; les plus forts sont choisis et mis en place. Le meilleur ombrage pour les caféiers est, comme pour les cacaoyers, l'*Erythrina* planté, selon la température et l'altitude, tous les deux, trois ou quatre rangs. La distance des plants de caféiers varie de 2 m. 50 à 3 mètres et même jusqu'à 3 et 4 mètres; mais on considère le plus grand écartement préférable, permettant de mieux travailler la terre et rendant la circulation plus facile en temps de récolte.

Au lieu de déraciner et remplacer les arbustes qui atteignent l'âge maximum, on les coupe à un pied de terre et on laisse repousser deux ou trois tiges. Ce procédé, que j'ai vu employer au Costa Rica, donne de très bons résultats, et le rendement en fruits n'en est que plus abondant.

Le mois de juillet ayant amené la maturité des fruits de *Castilloa* sur le bord de l'Atlantique, je procédai avec une équipe d'hommes à la récolte de ces fruits et je pus expédier à Paris, en trois semaines, 350 livres de graines convenablement asséchées et préparées pour conserver aussi longtemps que possible leur propriété germinative.

Le 15 août, je quittai le Costa Rica et je revins à la Trinidad où je préparai, pour mon retour en Europe, toutes les plantes économiques vivantes et les graines que j'y avais fait venir des diverses autres îles des Antilles. Par le navire le *Saint-Germain*, de la Compagnie transatlantique, je ramenai à Saint-Nazaire, puis à Paris, 14 tonnes de caisses, dont 18 serres à la Ward, à la fin de septembre 1899.

Tels sont les résultats de la mission dont vous avez bien voulu me charger, Monsieur le Ministre, et je vous prie d'agréer l'expression de mon profond respect et de mon entier dévouement.

Eug. Poisson